U0181730

# 孩子，我们对太阳系的认识真的错了！

[美]凯思琳·V. 库德林斯基◎著　[美] 约翰·罗科◎绘　蔡薇薇◎译

北京联合出版公司
Beijing United Publishing Co.,Ltd.

致天文馆，我最初爱上星球科学的地方。

——凯思琳 · V. 库德林斯基

献给我的父母。

——约翰 · 罗科

**图书在版编目（CIP）数据**

孩子，我们对太阳系的认识真的错了！ /（美）凯思琳 · V. 库德林斯基著 ；（美）约翰 · 罗科绘 ；蔡薇薇译. — 北京 ：北京联合出版公司，2021.9
ISBN 978-7-5596-5468-7

Ⅰ. ①孩… Ⅱ. ①凯… ②约… ③蔡… Ⅲ. ①太阳系-少儿读物 Ⅳ. ① P18-49

中国版本图书馆 CIP 数据核字 (2021) 第 151213 号



**孩子，我们对太阳系的认识真的错了！**

著　　者：[ 美 ] 凯思琳 · V. 库德林斯基
绘　　者：[ 美 ] 约翰 · 罗科
译　　者：蔡薇薇
出 品 人：赵红仕
选题策划：北京天略图书有限公司
责任编辑：龚　将
特约编辑：邹文谊
责任校对：罗盈莹
美术编辑：刘晓红

北京联合出版公司出版
（北京市西城区德外大街 83 号楼 9 层　100088）
北京联合天畅文化传播公司发行
北京盛通印刷股份有限公司印刷　新华书店经销
字数 5 千字　889 毫米 ×1194 毫米　1/16　2.5 印张
2021 年 9 月第 1 版　2021 年 9 月第 1 次印刷
ISBN　978-7-5596-5468-7
定价：42.00 元

很久很久以前，在人们对太阳系还一无所知的时候，他们看到太阳在天空中移动，月亮也在移动。星星每晚在更遥远的夜空绕着大圈慢慢地移动。但是，人们生活的这个世界似乎是静止不动的。

于是，他们认为天上的万物都是围绕这片平坦、静止的大地移动的。**孩子，他们真的错了！**

现在我们知道，我们生活在一颗行星上，它和其他行星一起围绕大星系中的一个中等大小的恒星——太阳旋转。但是，人们花了很长时间，走过很多弯路，才了解到我们今天所知道的这些。

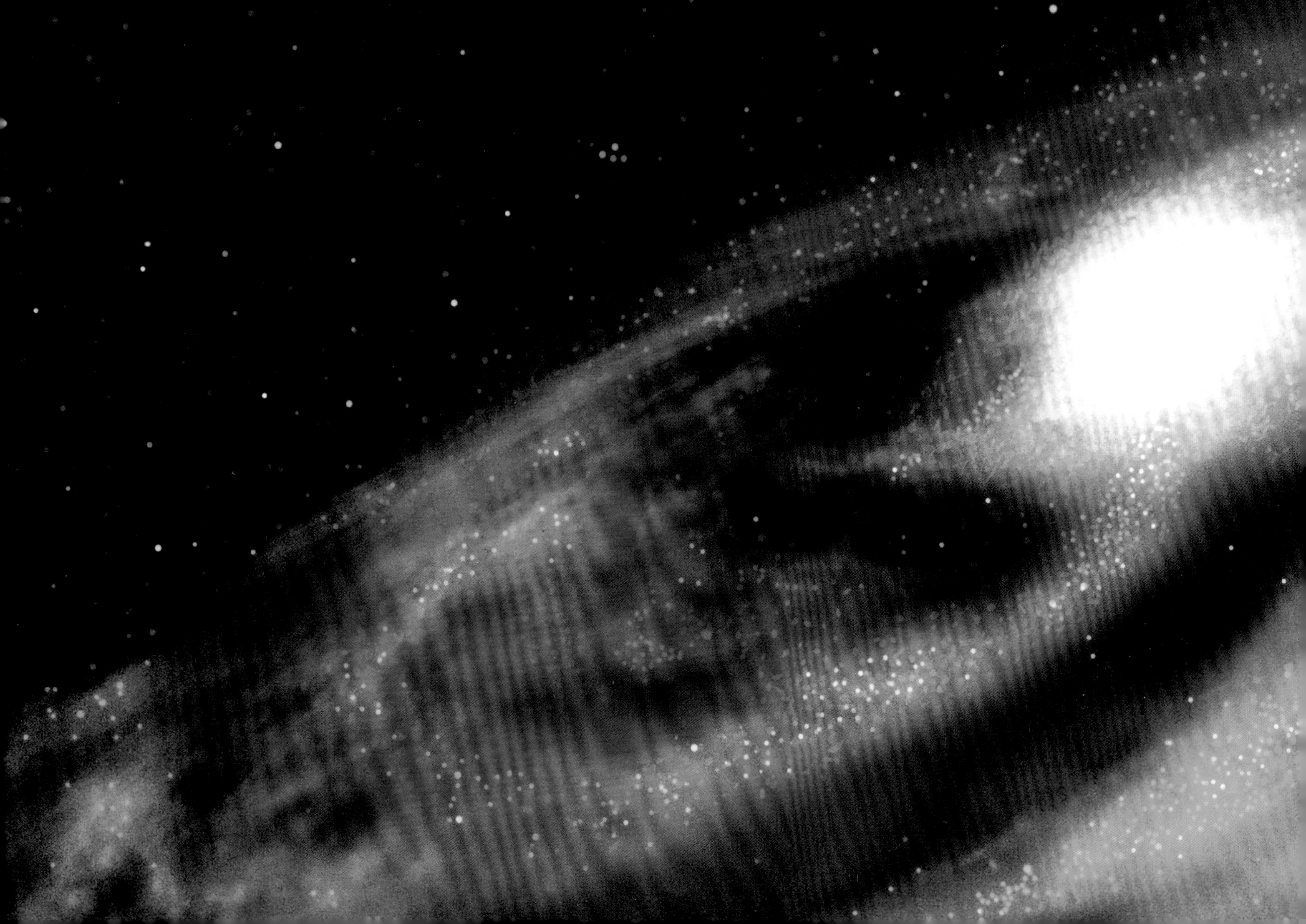

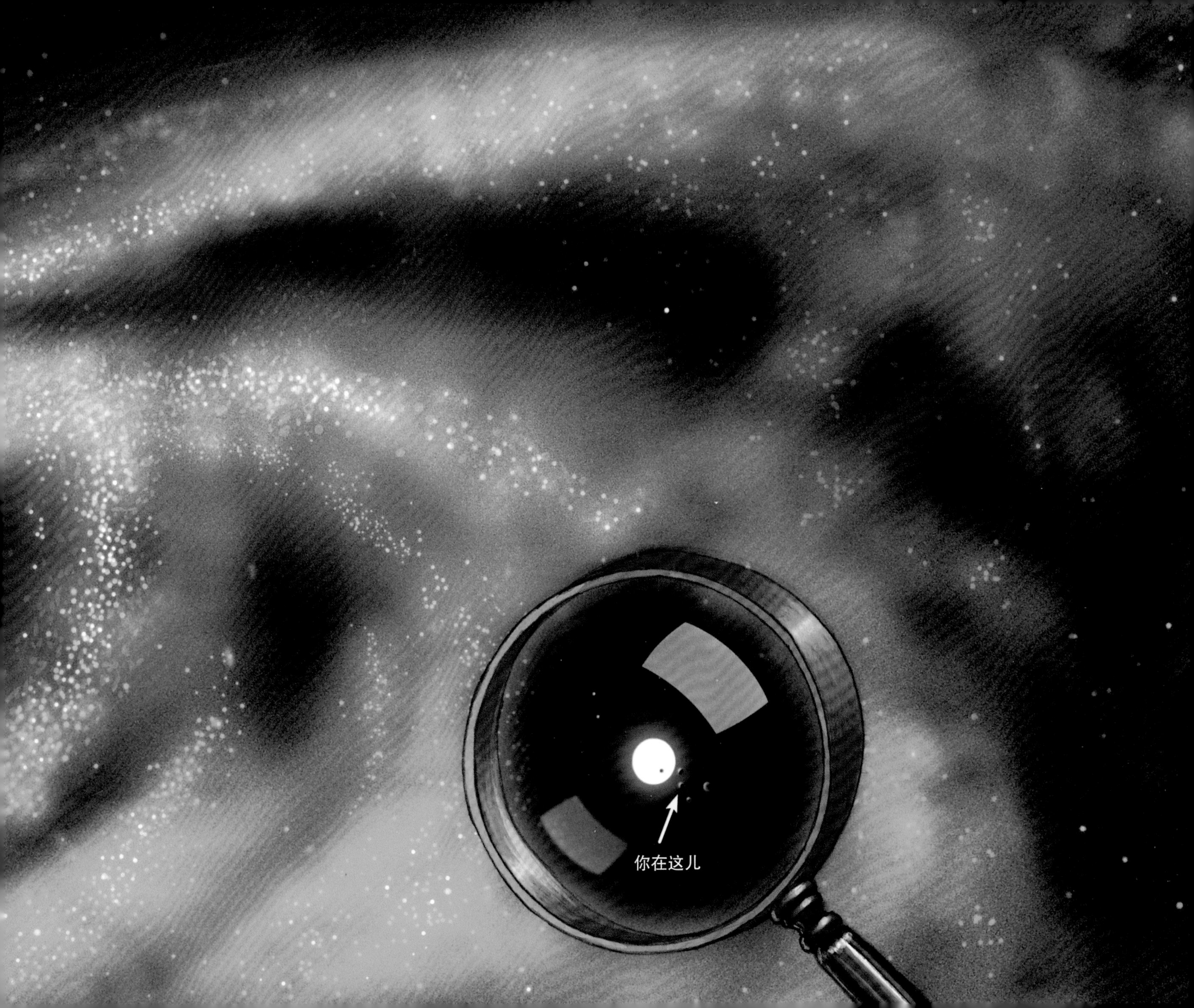
你在这儿

从前，人们注意到有一些星星不闪烁。这些光点的运行方式和其他所有在夜空中绕行的星星不一样。人们以他们信奉的神的名字来为这些特殊的天际漫游者命名——朱庇特（木星）、维纳斯（金星）、萨图恩（土星）、墨丘利（水星），还有玛尔斯（火星）。

月亮也在移动，并在夜空中改变着形状。当地球运行到太阳与月亮之间时，就会在月亮上投射出一个圆弧形状的影子。古希腊人意识到，既然地球的影子是圆的，那么地球也一定是圆的。

人们发明了新的工具来探索天空，测算行星运行的区间和周期。他们还绘制了星空图，提出了一套天体系统理论。

他们说，星星是一个巨大的透明玻璃球上的一个个小点。在这个玻璃球内部，行星和太阳占据一层比一层小的空间，而地球正是最重要的万物中心。

他们认为这些天体都是完美无缺、永恒不变的。

**孩子，他们对太阳系的认识真的错了！**

有人看到一颗彗星径直划过本应该是月亮所在的空间——但什么都没有发生，没有玻璃球碎掉。所以，层层套叠的透明球体并不存在。行星一定是飘浮在宇宙中的。

另一位天文学家在一天夜里看到天上出现了一颗崭新的星星。它并没有消失，很多人也看到了它。如果有新的星星出现，说明天体也许并不是永恒不变的。

一位天文学家萌发了一个新想法。他说，太阳是天体系统的中心，而不是地球。这意味着我们并没有那么重要。他没有证据，所以大多数人都只是嘲笑这种“日心说”观点。**孩子，他们真的错了！**

第一台望远镜的出现改变了这一切。借助望远镜，天文学家们看到天空中的天体并不是完美无缺的。太阳上有斑点，月球上有山脉和坑洞，土星的表面看上去有很多颗粒。

此外，人们第一次看到金星也像月亮一样有盈缺。这意味着太阳光是从不同的角度照射到金星上的。那么金星也一定围绕着太阳旋转！如果这种设想是对的，那么其他行星也一定都围绕着太阳旋转。地球并不是宇宙的中心！

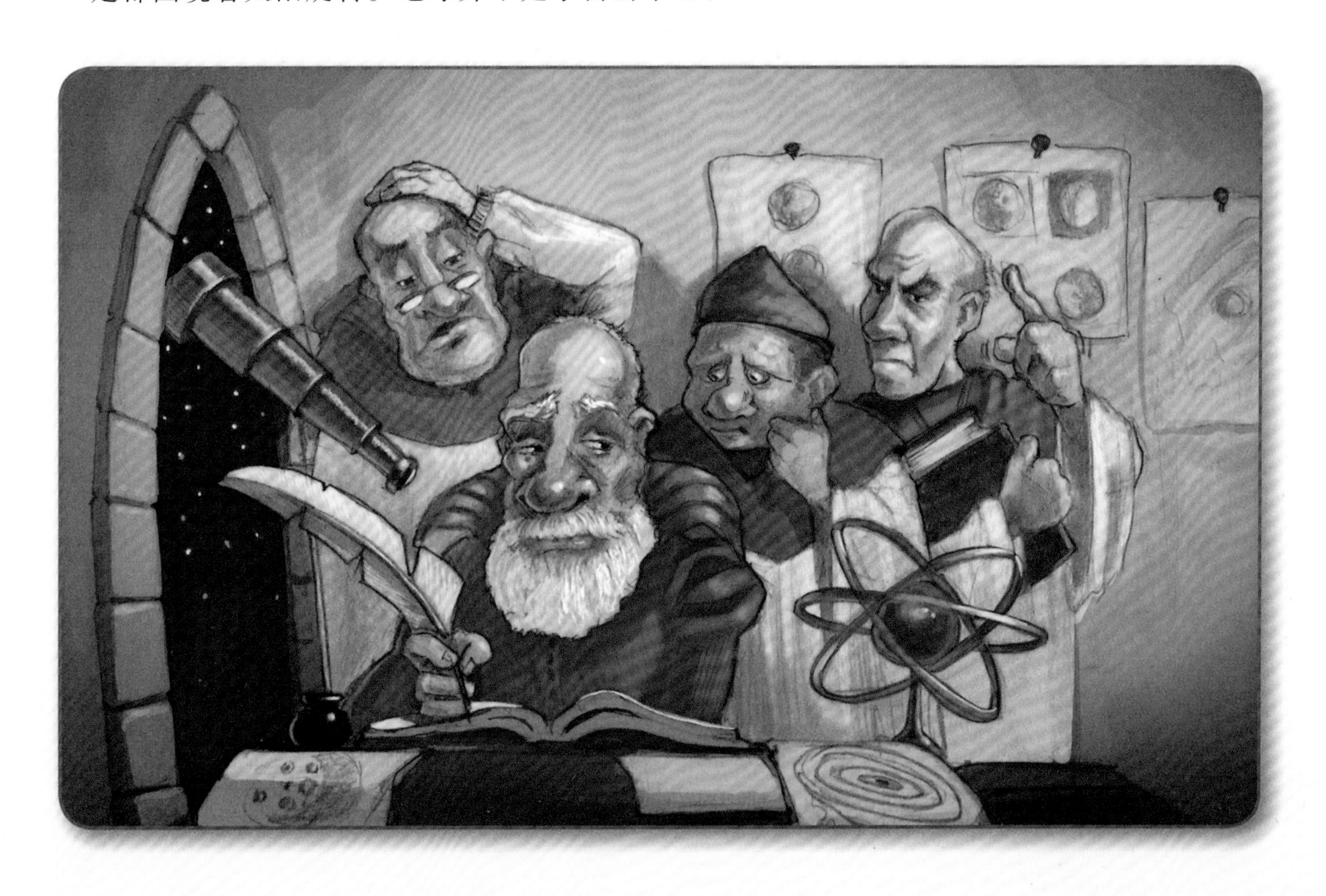

教会领袖们认为这些新发现与《圣经》相悖，他们在一位著名的科学家撰写这些新发现时逮捕了他，并判他终身不能进教堂。但是，无论他们说什么都改变不了这些事实。

另一位科学家看到苹果掉到了地上，这让他思考苹果为什么没有往旁边或者上面掉。他认定地球有一种引力，是这种引力将苹果和其他万物都拉向它。也许，地球的引力也可以将遥远的月球拉向它。而且，月球或许也在将我们拉过去。行星之间是互相有拉力的。

科学家们核实了各类测量数值，这种猜想似乎是对的。当行星彼此擦肩而过时，是引力让它们移动。但是，土星移动的原因是个谜。天文学家们想知道，是不是在土星之外还存在着一颗行星。当他们把望远镜对准引力的来源时，他们发现了天王星。

透过更精密的望远镜，人们看到土星表面的颗粒其实是一圈圈环状物，还有几颗卫星。科学家们认为，也许正是土星的引力把由无数小碎石形成的环状云拉向自身。它们环绕着土星高速旋转，速度快到不会掉下去——是引力将它们捕获在轨道上。

天文学家们查看了彗星的历史图表，发现有一颗彗星每 37 年就会重现一次。他们观察了它的路径，测算了它经过的行星所产生的引力，并向公众宣布了这颗彗星下一次出现的精确时间。人们不相信并嘲笑他，但是这颗彗星却在预测的时间准时现身。现在，一切似乎都说得通了。

随着望远镜不断更新换代，人们能看到火星有两个卫星，在火星与木星之间有一条稀薄的小行星带在围绕太阳旋转。他们还发现了什么呢？他们看到火星上有宽广的海洋，还有水流经过的河道。有些人认为，一定是成千上万聪明的火星人开凿了这些壮阔的河道。**孩子，他们真的错了！**

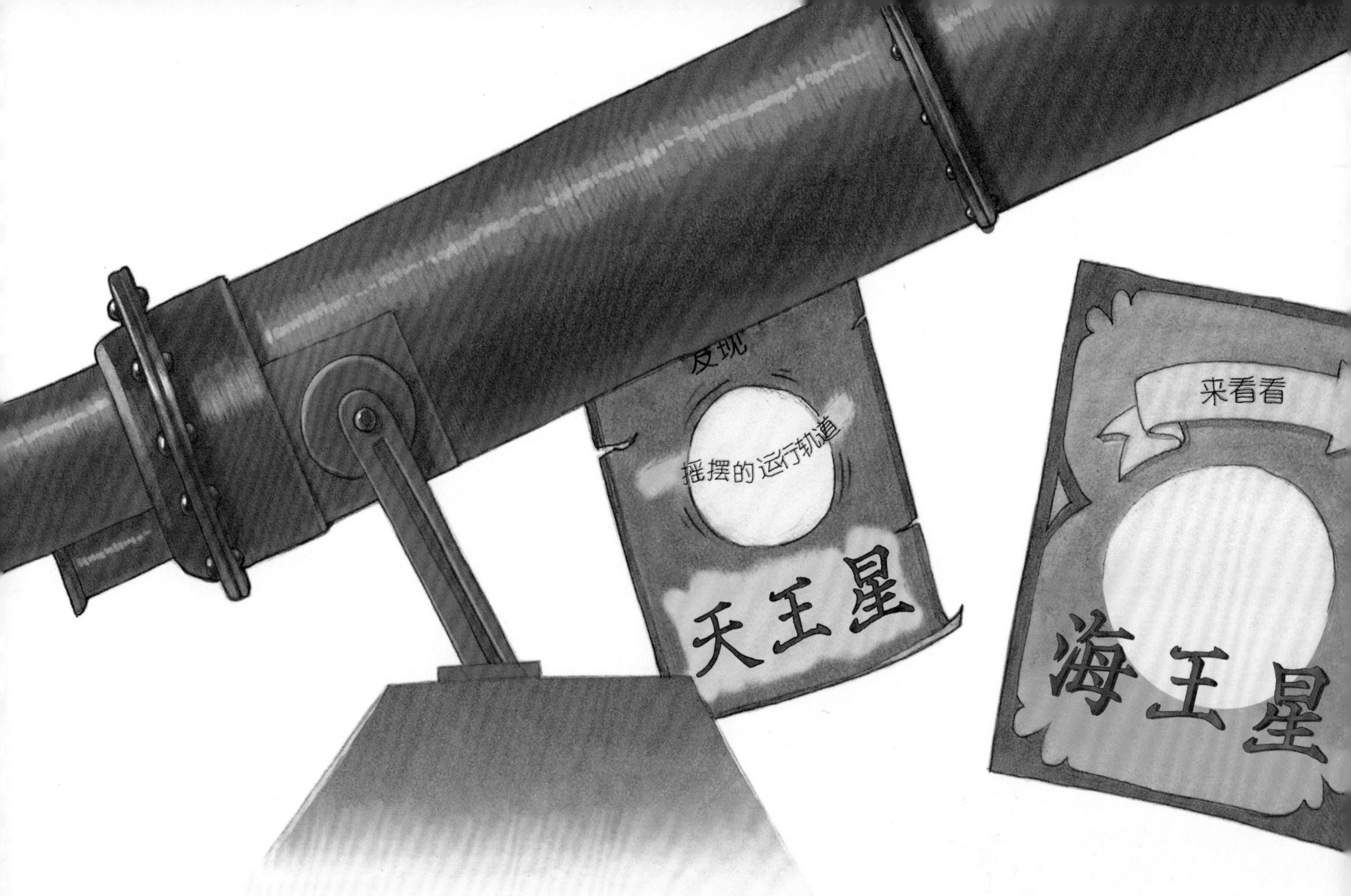


更详细的火星地表图片显示，这些河道是从前由湍急的河流冲刷出来的。这些河流和海洋现在似乎已经干涸了。

人们还看到，天王星的运行轨道也是摇摆不定的。我们的太阳系中是不是还有一颗行星呢？天文学家们后来发现了海王星。

摄影技术再次改变了一切。在人们发现冥王星之前，一位天文学家早已在一张照片上发现了小小的它。“我发现了一颗新的行星！”他宣布。于是，学校里的孩子们学到的是太阳系一共有九大行星。各种地图和模型也将冥王星作为行星展示。这一观点受到官方认定长达 70 多年之久。

接着，人们发现了更多的小行星，并且越来越多。似乎有一整条小行星带在距离海王星很远的空间里围绕着太阳旋转。这些全都是行星吗？

天文学家们对此进行了投票表决。“不，”他们说，“冥王星只是一颗矮行星，其他与它类似的星球也一样。”

**孩子，我们对冥王星的认识真的错了！**

还有一种新工具，能够远距离探测化学成分。天文学家们不需要实地去木星或是金星，就知道这两颗行星上的大气层是由有毒气体构成的，跟地球上的空气不一样。

他们还建造了超级望远镜系统，可以用无线电波而不是光波来进行空间探测。他们把这些超级望远镜建在远离城市噪声的地方，以免干扰来自太空的声音。

这些射电望远镜能穿透其他行星的云层，让我们获得更多的细节信息。金星的毒气云雾之下是巨大的山脉，在木星的云层之下只有更多的云层。

其他科学家往太空发射了一颗人造卫星。成功后，他们把几只狗送上了太空，接着是一只猴子。然后，他们把一个人送上了太空。

第一位宇航员终于不必透过地球上厚厚的大气层，就能看到漫天星辰。

CP
МАГНИТОФОН

在科学家们尝试过把人送上太空后，他们又把几个人送上了月球。

SAMPLE
#43A

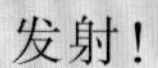
发射！

冲向火星

其他天文学家设计出了一些能够穿越太阳系的仪器。一些探测器能够近距离观测彗星，能看到它的彗核只是一颗布满尘埃的冰球。还有一些探测器能在火星表面着陆。

颠簸着陆
准备好了！
路程可不短，
我希望这附近
能有点水。

科学家们还制造了一台数字望远镜，巨大的镜头直径足有2.4米。他们将这台望远镜送上地球轨道，用来拍摄太阳系的照片。一开始它无法正常工作，宇航员们只能飞上去把它修好。

修好之后，这台望远镜已经传回了彗星撞入木星毒气云层的图片，并记录下了围绕我们太阳系旋转的亿万颗彗星构成的彗星环。它甚至证实了我们的太阳系在围绕着另一颗恒星旋转。

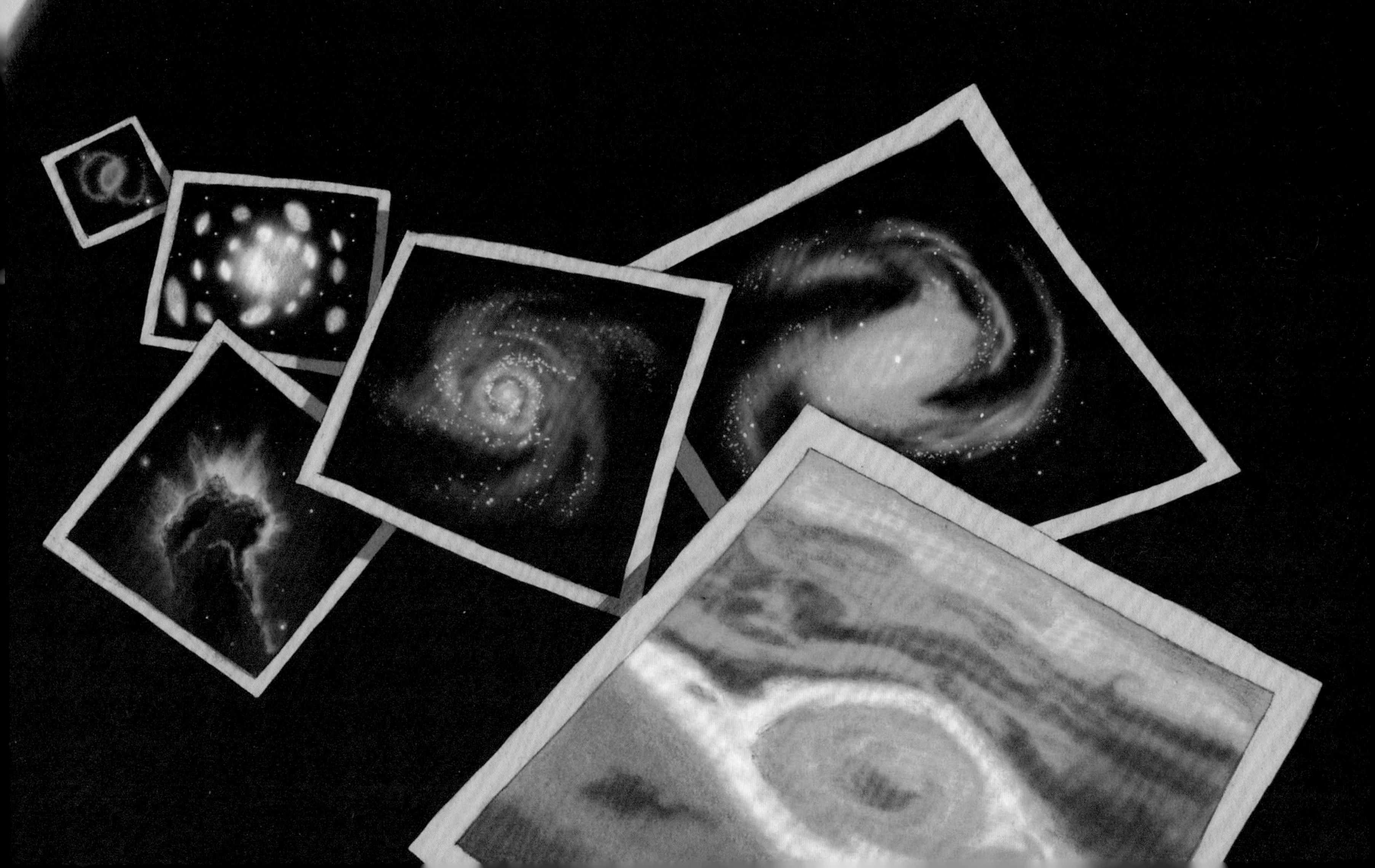

随着了解的深入，我们的观念将会改变。科学家们不断研制出更先进的设备。每一年都有更先进的探测器被送入太阳系。人们还计划用火箭将人类运载到星际之中，甚至在行星登陆。

迄今为止，还没有一个人见过整个太阳系，甚至连它的照片都没有。有一天，会有人成功地到达太阳系之外回望它。总有一天，会有人去造访我们看到的那些类太阳系。

那时我们会发现些什么呢？很可能会让我们大吃一惊。等你长大后，你可能会成为那个发现奥秘的科学家或宇航员，让我们都惊叹：“我们对太阳系的认识真的错了！”

## 太阳系发现大事年表

**公元前 500 年** ·········· 毕达哥拉斯发现地球是圆的。

**公元前 400 年** ·········· 欧多克索斯制造出“同心球”模型。

**公元前 400 年** ·········· 亚里士多德提出设想——宇宙中的万物都是完美无瑕的，行星的运行轨道是一成不变的。

**1543 年** ···················· 哥白尼宣称太阳是太阳系的中心。

**1577 年** ···················· 第谷·布拉赫发现彗星是一种天体，而不是一种天气现象。

**1609 年** ···················· 开普勒发现行星以椭圆轨道绕太阳运动。

**1632 年** ···················· 伽利略借助望远镜，发表观点证明太阳是太阳系的中心。

**1655 年** ···················· 克里斯蒂安·惠更斯宣布土星有卫星，还有土星环。

**1687 年** ···················· 牛顿发现白色光的光谱，建立万有引力学说，并预测哈雷彗星的回归（1759 年，哈雷彗星如期而至）。

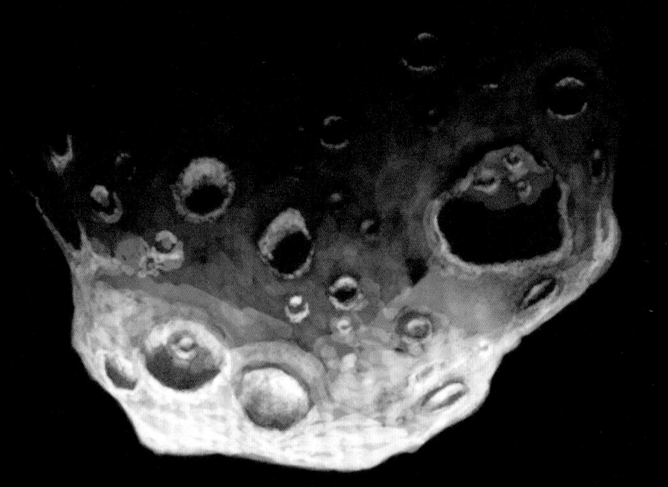

**1781 年** ···················· 威廉·赫歇尔发现天王星。

**1846 年** ···················· 海王星被发现。

**1864 年** ···················· 乔瓦尼·霍迪耶纳用分光镜观测彗星发出的光亮。

**1957 年** ···················· 地球发射第一颗卫星（苏联）。

**1969 年** ···················· 人类首次登月成功。

**1990 年** ···················· 哈勃望远镜发射，但不能正常工作（1993 年修复）。

**2006 年** ···················· 冥王星被国际天文学联合会降级为矮行星。天文学家又在位于海王星之外的柯伊伯带上发现了许多矮行星。

---

如果你想了解更多关于太阳系的知识，可以参考：

Fradin, Dennis Brindell. *The Planet Hunters: The Search for Other Worlds.* Simon & Schuster, NY, NY, 1997. Richly illustrated for kids with more questions.

Parker, Steve. *Galileo and the Universe.* Harper Collins, NY, NY, 1995.

Ibid. *Isaac Newton and Gravity.* Chelsea House, NY, NY, 1995.

These books are in-depth and lively, giving more depth to the scientists and their times.

http://kids.msfc.nasa.gov/ The NASA site for kids, full of amazing info, games, graphics, and the most recent news from the Hubble telescope.

http://ology.amnh.org/astronomy The American Museum of Natural History site for kids about astronomy. Easy to navigate and fun!

本书参考文献：

Hoskin, Michael, ed. *The Cambridge History of Astronomy.* Cambridge University Press, NY, NY, 1997. Richly illustrated thorough text for adults.

Motz, Lloyd, and Jefferson Hane Weaver. *The Story of Astronomy.* Perseus Publishing, Cambridge, MA, 1995. A good overview for adult readers.

http//:stsci.edu NASA’s Hubble site